图解

TUJIEHUASELENGPIN

花色冷拼

◎ 韦昔奇　王　琼　葛惠伟　著

四川科学技术出版社

图书在版编目（CIP）数据

图解花色冷拼/韦昔奇，王琼，葛惠伟著. —成都：四川科
学技术出版社，2008.8（2020.8重印）
ISBN 978-7-5364-6540-4

Ⅰ. 图… Ⅱ.①韦… ②王… ③葛… Ⅲ.凉菜−制作−图解
Ⅳ. TS972.114-64

中国版本图书馆CIP数据核字（2008）第126163号

图片摄影 / 韦昔奇 陈 兵 朱流林

　　　　　　赵品杰 陈 君 郑存平

　　　　　　陈书伟 岳庞然 陈坤浩

责任编辑 / 程蓉伟
封面设计 / 李 庆
装帧设计 / 稻草人
责任校对 / 王 红
责任出版 / 欧晓春
电脑制作 / 成都华林美术设计有限公司

图解花色冷拼

·········· 韦昔奇 王 琼 葛惠伟 著 ··········

出版发行/四川科学技术出版社
地址/成都市槐树街2号
邮编/610031
成品尺寸/210mm×265mm
印张/6.5
印刷/成都市金雅迪彩色印刷有限公司
版次/2008年8月成都第一版
印次/2020年8月成都第五次印刷
书号/ISBN 978-7-5364-6540-4
定价/38.00元

作者的话

  花色冷拼，也称象形拼盘、工艺冷盘等，是在创作者精心构思的基础上，运用精湛的刀工及艺术手法，将多种凉菜菜肴在盘中拼摆成飞禽走兽、花鸟虫鱼、山水园林等各种平面的、立体的或半立体图案的一种烹饪手段。作为烹饪百花园中的一朵奇葩，花色冷拼在我国烹饪历史中有着悠久的传统。目前，随着人们生活质量和审美能力的日益提高，花色冷拼在拼摆技法、表现形式、文化内涵等方面有了极大的发展。

  从花色冷拼的工艺流程和艺术特性来看，这是一种技术要求高、艺术性强的拼盘形式，其操作程序比较复杂，如何将花色冷拼的操作技艺，以更为实用、有效、快捷的方式予以推广，一度成为我们的困惑。在2007年编著完《图解花色冷拼》后，读者在使用该书过程中反映良好，由此激发了我们继续采用图解的方式创作本书的夙愿，于是决定，将自己从事近十年的花色冷拼操作实践和教学经验加以系统归纳，为花色冷拼爱好者学习和教师教学，提供一本有着详细操作过程的花色冷拼专书。

  本书内容覆盖花卉类、动物类、鱼类、植物类、山水类、人物类和扇类等，内容非常广泛。内容编排由浅入深，由简至繁，循序渐进，重点突出。每个作品都有详细的分步图片和文字说明，读者可直观地掌握作品的整个拼摆过程，轻松学习。大部分作品创意新颖，适合现时和未来的工作及比赛之需。

  此书在创作过程中得到四川省商业服务学校领导和四川烹专袁新宇教授的大力支持和帮助，并提出了许多宝贵的意见，在此表示衷心的感谢！由于本人学识有限，不足之处在所难免，恳请各位同仁及广大读者不吝赐教。

编著者
2008年7月于四川省商业服务学校

图解花色冷拼

目录

CONTENTS

图解花色冷拼

第一篇

花色冷拼基础知识

HUASE LENGPIN JICHU ZHISHI

一、花色冷拼概述

花色冷拼也称花色冷盘、花色拼盘、工艺冷拼等，是指利用各种加工好的冷菜原料，采用不同的刀法和拼摆技法，按照一定的次序层次和位置将冷菜原料拼摆成山水、花卉、鸟类、动物等图案，提供给就餐者欣赏和食用的一门冷菜拼摆艺术。

花色冷拼在宴席程序中是最先与就餐者见面的头菜，它以艳丽的色彩、逼真的造型呈现在人们面前，让人赏心悦目，振人食欲，使就餐者在饱尝口福之余，还能得到美的享受。在宴席中能起到美化和烘托主题的作用，同时还能提高宴席档次。

花色冷拼通过造型美观艺术，把宴席的主题充分体现出来，远比其他菜品表达得更直接，更具体。花色冷拼大多用于宴会、筵席。在制作上，技术性和艺术性都较高，无论刀工和配色都必须事先考虑周到，才能得到形象逼真、色彩动人的艺术效果。

花色冷拼是由一般的冷菜拼盘逐渐发展而成的，发源于中国，是悠久的中华饮食文化孕育的一颗璀璨明珠，其历史源远流长。唐代，就有了用菜肴仿制园林胜景的习俗。宋代，则出现了以冷盘仿制园林胜景的形式，特别是当时宋代寺院中用冷菜仿制王维"辋川别墅"的胜景，被认为是世界上最早的花色冷拼。明、清之时，拼盘技艺进一步发展，制作水平更加精细。近几年，来随着经济的发展，花色冷拼得到迅猛发展，原料的使用范围扩大，取材也更广泛，其运用范围也在扩大，被越来越多的厨师所青睐、所运用，极大地繁荣和推动了我国烹饪文化的发展。

二、花色冷拼的基本表现形式

花色冷拼的主题内容很多，春夏秋冬、飞禽走兽、花鸟鱼虫、山川风物等，皆可生动再现。比如本书中，表现植物的有"春暖花开"、"茁壮成长"；表现山水的有"椰岛风光"、"锦绣河山"；表现动物的有"孔雀开屏"、"松鹤延年"等。

根据表现形式的不同，花色冷拼的基本表现形式一般可分为"平面型"、"卧式型"和"立体型"三大类。

① 平面型

该类作品图案简洁，整体感较平整，要求刀面整齐、线条清晰、色彩协调、主题突出，如下图"锦绣河山"等。

② 卧式型

该类作品图案较复杂，半立体感明显，要求刀工精细，色彩鲜艳，形象逼真。如下图"鸟语花香"等。

③ 立体型

该类作品图案较复杂，立体感明显，制作工艺难度大，艺术性强，要求刀工精湛，色彩鲜艳，造型逼真。如下图"春笋吐艳"等。

三、花色冷拼的制作步骤

1 选题

所谓选题，即冷拼创作所选择的内容题材。无论确定何种选题，都要根据宴席主题或用途，避开忌讳进行选择，使之恰到好处地烘托出宴席主题。如婚宴，应配以如"喜上眉梢"、"前程似锦"之类冷拼作品；寿宴则应配以如"松鹤延年"、"绶带迎春"之类冷拼作品。一个好的选题，不仅能起到活跃气氛和增加喜庆色彩的作用，还能表达对宾客的美好祝愿，可使主客两悦。除宴会性质外，赴宴者的身份、国籍、民族和宗教信仰等诸因素也不可忽视，因此既要使作品主题新颖，不落俗套，又要尊重宾客的习俗，以达到调节宴席气氛，使与宴者心情舒

畅的目的。

2 选择原料

根据内容题材所表现的实体形象选择质地、色泽、营养价值等符合其造型要求的原料，做到所需而用，恰到好处，杜绝浪费。

3 布局

一旦选题、原料确定以后，接下来的步骤，就是根据内容题材对原料进行整体布局设计。这一过程犹如写作中的谋篇布局，必须在心中有数的基础上做到主次分明，主题突出。

4 拼摆

拼摆是实现构思设计的具体手段，它是各个步骤中最重要的一环。拼摆的大体流程为：原料熟处理→刀工处理→码底→拼摆→修饰。拼摆时要做到先码底后盖面，先整体后局部，再配饰。

四、花色冷拼的常用原料

花色冷拼和食品雕刻一样，在烹饪技艺中，属于造型艺术范畴。冷拼的这一特性，就决定了用以塑型的原料，不仅必须满足花色丰富的要求，还应当具备相当的可塑性，只有如此，才可能根据创作主题，拼摆出令人赏心悦目的冷拼佳作。从大的门类上讲，用于花色冷拼的原料大致可以划分为植物性原料和动物性原料两大类。现就这两类中的常用原料加以简单描述。

一、动物性原料

❶ 火腿

　　火腿是用猪的前后腿肉经腌制、洗晒、整形、陈放发酵等工艺加工而成的腌制品。火腿经煮、蒸熟后，其色泽鲜红，肉质坚实，香味浓厚。在花色冷拼中，此品适合拼摆成鸟类羽毛、地坪等。

❷ 腊肉

　　腊肉是将鲜猪肉切成条状，经晾晒而成的肉制品。腊肉品种繁多，分四川腊肉、广东腊肉、云南腊肉等，色泽鲜亮，肌肉呈鲜红色或暗红色。可作主料、配料及增香料，适合拼摆成地坪。

❸ 香肠

　　香肠是将馅料灌入到小口径肠衣中制作而成，因馅料不同而有较多的品种。以川式香肠、广式香肠、哈尔滨正阳楼风干香肠最为有名。香肠呈红褐色，大小均匀，味香浓，适合拼摆地坪。

❹ 大红肠

　　大红肠是将猪肉或牛肉、食盐、胡椒粉、淀粉、玉果粉等拌匀后，灌入到口径较大的牛盲肠或牛、猪大肠的肠衣中，经熏制或煮制而成。此品色红肉嫩，适合拼摆羽毛、地坪或鸟头等。

❺ 火腿肠

　　火腿肠是现代工业食品，色泽淡红，香嫩咸鲜，质地细密，易刀工成形。在花色冷拼中，此品适合拼摆地坪、羽毛、鸟头等。

❻ 白灼虾

　　白灼虾是在锅中加入水、虾、料酒、盐、姜、葱、花椒等煮制而成，虾身色泽鲜红，弯曲自然，味美鲜嫩。在花色冷拼中，此品适合拼摆蝴蝶身子、围栏、地坪等。

❼ 松花皮蛋肠

　　松花皮蛋肠是以松花皮蛋为原料，经现代食品加工工艺制作而成的一种食品。它不仅具有松花皮蛋因有氨基酸结晶形成的松枝状花纹，且更易刀工成形，适合拼摆地坪、羽毛、动物眼睛等。

❽ 卤制品

　　卤是将动植物原料放入卤水中加热煮熟入味的一种烹饪技法。卤制品色泽美观，香味醇厚，咸鲜味浓，是制作花色冷拼的重要动植物原料，适合拼摆地坪、羽毛、鸟头、花朵等。

❾ 烟熏牛肉

　　烟熏牛肉是现代加工食品，色泽均匀，质地细密，易刀工成形。在花色冷拼中，此品适合拼摆地坪、羽毛、鸟头等。

⑩ 蛋黄糕

蛋黄糕是将鸡蛋黄和盐搅拌均匀，然后上笼小火蒸熟，其体积根据需要进行加工，色泽浅黄，质地坚实而有韧性。此品是花色冷拼中作为"黄色"的主要原料，适合拼摆花朵、羽毛、地坪等。

⑪ 蛋白糕

蛋白糕是将鸡蛋清、盐、淀粉（或牛奶）等搅拌均匀，然后上笼小火蒸熟，其色泽洁白，质地细嫩。此品适合拼摆花朵、羽毛等。

⑫ 水晶肴肉

水晶肴肉是由猪皮、猪肉、盐、胡椒粉、淀粉、玉果粉等制成，经熏制或煮制而成。其表皮晶莹剔透，肉呈淡粉红色。肉质细腻，鲜嫩可口，适合拼摆羽毛、地坪等。

二、植物性原料

① 胡萝卜

胡萝卜质细、味甜、色艳，在花色冷拼中使用相当普遍。此品适合拼摆花朵、鸟头、地坪和羽毛等，也可用于菜品装饰和雕刻成各种花朵、鸟、兽、昆虫等。

② 心里美萝卜

心里美萝卜又称紫萝卜，皮青、肉紫红，是花色冷拼中常用原料。此品适合拼摆花叶、鸟头、地坪和羽毛等。

③ 莴苣

莴苣又名青笋、莴笋，莴苣含水分多，质地嫩脆，肉色淡绿，适合拼摆花叶、鸟头、地坪和羽毛等，也可用于制作为各种鸟、昆虫、蜻蜓和虾等。

④ 黄瓜

黄瓜味清香、皮青、肉嫩，生熟均可食，最适宜凉拌，黄瓜是花色冷拼中常用原料，适合拼摆花叶、松树叶、水草、竹叶和羽毛等。

⑤ 南瓜

南瓜又称番瓜、倭瓜，南瓜的品种按果实的形状可分圆南瓜和长南瓜两类。质地嫩脆，肉色淡黄。此品适合拼摆花朵、鸟头、地坪和羽毛等。

⑥ 西芹

西芹有特殊香味，质地嫩脆，其色泽碧绿，一般用其茎，少用叶。此品适合拼摆花梗、地坪和羽毛等，其叶也可作牡丹花、菊花等花形的叶子。

❼ 西兰花

西兰花又名青花菜，主茎顶端为绿色肥大花球，表面小花蕾松散，色泽深绿，是近几年来我国普遍使用的一种外来引进原料。西兰花清香脆甜，用水汆后调味，可拼摆成花卉、树草等。

❽ 辣椒

辣椒俗称"海椒"，品种繁多，形状各异，按颜色可分为青椒和红椒等。花色冷拼中一般使用果大肉厚、色泽红亮、脆嫩微甜的灯笼椒（也称"甜椒"），用于拼摆鸡冠、羽毛和太阳等。

❾ 篙笋

篙笋又称茭瓜、茭笋、茭白，质地柔嫩，肉色洁白，略带甜味，花色冷拼中作为"白色"的主要原料，适合拼摆马蹄莲、仙鹤羽毛等。

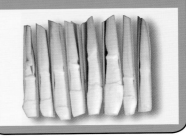

❿ 土豆

土豆又称马铃薯，其淀粉含量高，皮薄体大，肉质细密。作垫底用，因土豆泥具有很好的可塑性和黏性，在花色冷拼中常将土豆煮熟，制成土豆泥，作为花色冷拼理想的垫底原料。

⓫ 香菇

香菇又称香菌，品种较多。香菇子实体呈伞状，表面呈淡褐色或紫褐色，营养丰富，肉质软滑，味美香浓。在花色冷拼中，常常将香菇用于拼摆树枝、鸟的爪子、动物的眼睛等。

⓬ 豆腐干

豆腐干为豆腐经压榨、熏烤（或卤制）的半脱水呈片状或块状的食品。做法多样，风味各异，有烟熏豆腐干、五香豆腐干等品种。适合拼摆成树枝、羽毛、动物的眼睛等。

五、学好花色冷拼的方法

花色冷拼虽然属于烹饪技艺的范畴，但与传统意义上所说的炒、爆、蒸、炖等烹饪手段不同，花色冷拼更具艺术创作的审美价值。它除了要求创作者不但必须具有良好的刀功外，还必须具有多方面的修养，必须具备最起码的美术基础，必须对色彩、构图有一定的控制能力。否则，你所创作的作品极有可能成为各种原料的大汇集。不要说审美情趣，恐怕还会大败食者的胃口。为了学好花色冷拼，如下几点建议可供参考。

◆ 多练多想：这是学好花色冷拼的必由之路。常言熟能生巧，花色冷拼属于操作性很强的技能，必须多加练习。练习时注意总结。

◆ 跟师学艺：有条件的可参加花色冷拼培训班或向行业花色冷拼师傅学习，此为初学者较好的捷径。

◆ 借鉴资料：平时练习时可借鉴花色冷拼书籍，也可上网搜索资料，学会"拿来主义"。

◆ 处处留心皆学问：平时善于观察周围的事物，有许多可作为花色冷拼很好的临摹对象。

◆ 培养兴趣：兴趣是最好的老师，通过参加美食活动、学习绘画等活动，提高自己的学习兴趣和审美能力。

盘中艺术　手下功夫

第二篇

花色冷拼实作演示

冷拼 国色天香

材料选择：胡萝卜、心里美、南瓜、黄瓜、西兰花、烟熏牛肉、土豆泥、火腿肠、鲜香菇、芹菜叶

技术要领：牡丹花制作要有层次感

步骤 1

先用土豆泥和鲜香菇片拼出树枝雏形。

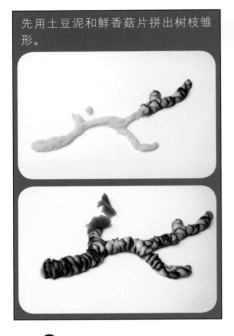

步骤 2

将胡萝卜、心里美和南瓜分别改刀成柳叶片，约8～12片为一组，相贴成一片牡丹花瓣，从外往里一瓣一瓣拼摆，装上花蕊；芹菜叶作花叶。

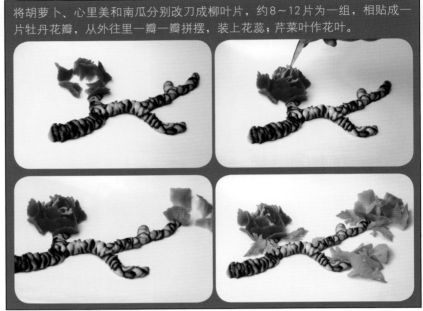

步骤 3

将黄瓜、西兰花、烟熏牛肉、火腿肠改刀成型，拼摆成地坪并加以修饰即成。

植物 ZHIWU

材料选择：胡萝卜、心里美、南瓜、黄瓜、西兰花、烟熏牛肉、土豆泥、腊肉、川式香肠、冬瓜皮、鲜香菇、红辣椒
技术要领：制作花月季花时，花瓣要包卷紧密

姹紫嫣红

步骤 1

将心里美切成半圆片，由里往外包卷成两朵月季花。

步骤 2

用土豆泥和鲜香菇片拼摆出树枝，用南瓜、黄瓜、烟熏牛肉、腊肉、川式香肠拼摆出地坪。

步骤 3

安上用胡萝卜卷成的月季花；将冬瓜皮雕刻成花叶；用胡萝卜、南瓜、红辣椒拼出蝴蝶，用西兰花收口，组装修饰后即成。

工艺流程

郁金香

材料选择：胡萝卜、洋葱、红辣椒、心里美、蒜薹、苦瓜、黄瓜、水晶肴肉、烟熏牛肉、火腿肠、篙笋、烟熏豆腐干、冬瓜皮

技术要领：郁金香的花叶摆放应自然

步骤 1

用胡萝卜、洋葱、红辣椒、心里美分别修出花瓣。

步骤 2

将修出的花瓣由里往外包卷出四种不同颜色的花；用蒜薹作花枝。

步骤 3

将黄瓜改刀成长片作花叶；用苦瓜、黄瓜、水晶肴肉、烟熏牛肉、火腿肠、篙笋、烟熏豆腐干、冬瓜皮拼摆出地坪即成。

植物 ZHIWU

材料选择：胡萝卜、心里美、南瓜、黄瓜、西兰花、烟熏牛肉、西芹、土豆泥、香肠、红肠、冬瓜皮

技术要领：包卷玫瑰花应松紧适度

[春暖花开]

步骤 1

分别将胡萝卜、心里美、黄瓜、西芹改成柳叶片，土豆泥码底并拼摆出长形叶子。

步骤 2

将胡萝卜切片并包卷出玫瑰花形。

步骤 3

将南瓜、黄瓜、西兰花、烟熏牛肉、西芹、香肠、红肠、冬瓜皮改刀后拼摆出地坪即成。

工艺流程

出水芙蓉

ZHIWU

材料选择：胡萝卜、心里美、洋葱、黄瓜、烟熏牛肉、土豆泥、火腿肠、篙笋、蛋黄糕、豇豆、水晶肴肉、莴苣、卤蛋、烟熏豆腐干、冬瓜皮

技术要领：荷花花瓣要错落有致

步骤 1

用洋葱修出花瓣；土豆泥垫底并拼摆出荷花，中间放上水晶肴肉作的莲蓬，豇豆切成薄片作莲子；蛋黄糕围在莲蓬周围作花蕊。

步骤 2

将胡萝卜、心里美、黄瓜、烟熏豆腐干、篙笋分别改成柳叶片，拼摆出荷叶；豇豆作花枝；最后将黄瓜、莴笋、烟熏牛肉、火腿肠、篙笋、水晶肴肉、卤蛋、烟熏豆腐干、冬瓜皮改刀后拼摆出地坪即成。

植物 ZHIWU

材料选择：胡萝卜、心里美、南瓜、黄瓜、烟熏牛肉、土豆
泥、火腿肠、红肠、蒜薹、莴苣、鲜香菇、红辣椒

技术要领：荷花花瓣要交错摆放

[藕荷同根]

步骤 1

先用土豆泥做出莲藕雏形；将黄瓜、烟熏牛肉、火腿肠、红肠改刀后拼摆出莲藕形。

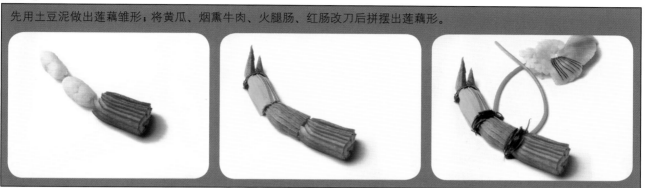

步骤 2

将胡萝卜、南瓜、黄瓜、莴苣分别改成柳叶片，并用其拼摆出荷叶；鲜香菇改刀成圆片作叶心；将心里美改刀为柳叶片，
8～12片为一组，相贴成荷花花瓣，从外往里一瓣一瓣拼摆出荷花，中间放上莴苣作为莲蓬，红肠改刀成小薄片作莲子；
红辣椒改刀围在莲蓬周围作花蕊；蒜薹作花枝。

—— 工艺流程

冷拼

马蹄香

材料选择：胡萝卜、心里美、南瓜、冬瓜皮、白萝卜、莴苣、黄瓜、西芹、蒜薹、烟熏牛肉、土豆泥、火腿肠、卤牛肉、鲜虾、卤猪舌、蛋黄糕、金银猪肝、卤猪耳、紫甘蓝

技术要领：马蹄莲叶子边缘要有自然弯曲的弧度

步骤 1

将胡萝卜、心里美、南瓜、白萝卜、莴苣等改刀成柳叶形片；用土豆泥码底，并拼摆出马蹄莲叶子。

步骤 2

将白萝卜改刀成柳叶形片并拼摆出马蹄莲花形；南瓜改刀成花蕊。

步骤 3

用西芹作叶梗，蒜薹作花枝；将心里美、莴苣、烟熏牛肉、火腿肠、卤牛肉、鲜虾、卤猪舌、蛋黄糕、金银猪肝、冬瓜皮改刀后拼摆出地坪。

工艺流程

步骤 **4**

用胡萝卜、心里美、南瓜、白萝卜、莴苣、黄瓜、土豆泥、火腿肠、卤牛肉、鲜虾、卤猪舌、蛋黄糕、金银猪肝、卤猪耳、紫甘蓝拼摆出四个围碟；最后将围碟与主图拼装在一起即成。

工艺流程

冷拼 春来莲开

材料选择：黄瓜、烟熏牛肉、烟熏豆腐干、水晶肴肉、土豆泥、火腿肠、苦瓜、洋葱、蛋黄糕、豇豆、冬瓜皮

技术要领：韭菜莲花瓣大小和弧度要均匀

步骤 1

先将洋葱改刀成花瓣；蛋黄糕丝插在放有土豆泥的花中心作花蕊，豇豆作花枝。

步骤 2

将黄瓜改刀成长片作花叶；黄瓜、火腿肠、烟熏牛肉、烟熏豆腐干、水晶肴肉、苦瓜、黄瓜、冬瓜皮改刀后拼摆出地坪即成。

工艺流程

材料选择：胡萝卜、心里美、南瓜、黄瓜、烟熏牛肉、松花皮蛋肠、火腿肠、红肠、篙笋、红辣椒、豇豆、鲜香菇、丝瓜、冬瓜皮

技术要领：马蹄莲花形应自然舒展

马蹄莲

步骤 1

将胡萝卜、心里美、南瓜改刀成柳叶形片，并拼摆出马蹄莲花形。

步骤 2

用豇豆作花枝和叶梗；丝瓜改刀作叶；将胡萝卜、黄瓜、烟熏牛肉、松花皮蛋肠、火腿肠、红肠、篙笋、红辣椒、豇豆、鲜香菇、丝瓜、冬瓜皮改刀后拼摆出地坪和蝴蝶即成。

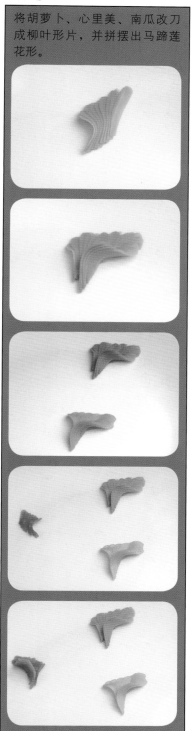

工艺流程

材料选择：南瓜、黄瓜、烟熏牛肉、松花皮蛋肠、土豆泥、火腿肠、篙笋、豇豆、苦瓜、丝瓜、冬瓜皮

技术要领：四只马蹄莲的摆放应高低错落

步骤 1

先用土豆泥垫底；将南瓜、黄瓜、烟熏牛肉、松花皮蛋肠、火腿肠、篙笋改刀后拼摆成花瓶。

步骤 2

用豇豆作花枝和叶梗，丝瓜作叶子；将篙笋改刀成柳叶形片，并拼摆出马蹄莲；将苦瓜、冬瓜皮改刀修饰后即成。

工艺流程

植物 ZHIWU

材料选择：洋葱、胡萝卜、黄瓜、烟熏牛肉、卤蛋、土豆泥、
火腿肠、午餐肉、烟熏豆腐干、蛋黄糕、冬瓜皮

技术要领：花瓣要错落有致

睡莲凌波

步骤 1

先用洋葱修出睡莲花瓣；再用土豆泥垫底并拼摆出睡莲；将蛋黄糕丝插在土豆泥中间作花蕊。

步骤 2

将胡萝卜、午餐肉、黄瓜、烟熏豆腐干等分别改刀成柳叶片，并拼摆出叶子。

步骤 3

将烟熏牛肉、火腿肠、卤蛋、烟熏豆腐干、蛋黄糕、冬瓜皮改刀后拼摆出地坪、水纹即成。

工艺流程

彩叶葵花

ZHIWU

材料选择：胡萝卜、南瓜、土豆泥、水晶肴肉、篙笋、松花皮蛋肠、丝瓜、红辣椒、紫菜

技术要领：向日葵的花瓣要交错有致

步骤 1

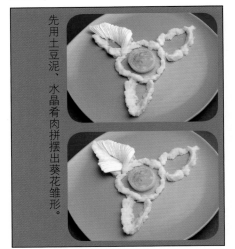

先用土豆泥、水晶肴肉拼摆出葵花雏形。

步骤 2

将胡萝卜、篙笋、松花皮蛋肠分别改刀成柳叶片，并拼摆出叶子；用南瓜和紫菜拼摆出花形。

步骤 3

将丝瓜、红辣椒改刀后加以修饰即成。

植物 ZHIWU

材料选择：南瓜、土豆泥、水晶肴肉、篙笋、松花皮蛋肠、丝瓜、红肠、豇豆、冬瓜皮、紫菜、火腿肠、黄瓜

技术要领：向日葵的花瓣要交错安放

金葵竞艳

步骤 1

先用土豆泥、水晶肴肉摆出葵花雏形。

步骤 2

将南瓜改刀成向日葵的花瓣，由外往里相互交错拼摆出花形。

步骤 3

用豇豆作花枝，紫菜作葵花籽，丝瓜作叶子；将火腿肠、黄瓜、篙笋、松花皮蛋肠、红肠、冬瓜皮改刀后拼摆出地坪即成。

工艺流程

冷拼 欣欣向荣

材料选择：南瓜、土豆泥、水晶肴肉、篙笋、松花皮蛋肠、丝瓜、红肠、小红辣椒、烟熏牛肉、火腿肠、冬瓜皮、紫菜

技术要领：向日葵的花瓣要交错安放

步骤 1

先用土豆泥、水晶肴肉摆出葵花雏形。

步骤 2

将南瓜改刀成向日葵的花瓣，由外往里相互交错拼摆出花形；将紫菜改刀后拼摆成花蕊。

步骤 3

用丝瓜作叶子；将火腿肠、烟熏牛肉、篙笋、松花皮蛋肠、红肠、小红辣椒、冬瓜皮改刀后拼摆出地坪即成。

植物 ZHIWU

材料选择：胡萝卜、南瓜、黄瓜、莴苣、红辣椒、西兰花、烟熏牛肉、川式香肠、土豆泥、火腿肠、卤豆筋、西芹、红肠、冬瓜皮、鲜香菇

技术要领：花瓣要交错拼摆；花蕊要有竖立感

彩蝶戏菊

步骤 1

先用土豆泥码底；鲜香菇改刀后拼摆出花枝。

步骤 2

将火腿肠、卤豆筋、西芹改刀成菱形块后拼摆出菊花花形。

步骤 3

将胡萝卜、南瓜、黄瓜、莴苣、红辣椒、西兰花、烟熏牛肉、川式香肠、红肠、冬瓜皮改刀后拼摆出地坪和蝴蝶即成。

工艺流程

双菊斗美

材料选择：黄瓜、南瓜、烟熏牛肉、松花皮蛋肠、土豆泥、火腿肠、红肠、篙笋、丝瓜、冬瓜皮

技术要领：花瓣要交错安放，花芯要有竖立感

ZHIWU

步骤 1

先用土豆泥码底；将南瓜改刀成菱形片，由外往里拼摆出花形。

步骤 2

用丝瓜做叶子，黄瓜作花梗；最后将烟熏牛肉、松花皮蛋肠、火腿肠、红肠、篙笋、冬瓜皮改刀后拼摆出地坪即成。

工艺流程

植物 ZHIWU

材料选择：黄瓜、南瓜、烟熏牛肉、水晶肴肉、土豆泥、火腿肠、红肠、篙笋、丝瓜、冬瓜皮

技术要领：花瓣要交错拼摆；花蕊要有竖立感

［争奇斗艳］

步骤 1

先用土豆泥码底；将南瓜、篙笋改刀成菱形片，由外往里拼摆出花形。

步骤 2

用丝瓜做叶子，黄瓜作花梗；将烟熏牛肉、水晶肴肉、火腿肠、红肠、篙笋、冬瓜皮改刀后拼摆出地坪即成。

工艺流程

 冷拼 **花团锦簇**

材料选择：黄瓜、南瓜、烟熏牛肉、土豆泥、火腿肠、红肠、红辣椒、莴笋、丝瓜、冬瓜皮
技术要领：花瓣要交错安放；花蕊要有竖立感

步骤 1

先用土豆泥码底；将红辣椒、南瓜、莴笋改刀成菱形片，由外往里拼摆出花形。

步骤 2

用丝瓜做叶子；最后将烟熏牛肉、火腿肠、红肠、莴笋、冬瓜皮改刀后拼摆出地坪即成。

材料选择：红辣椒、黄瓜、烟熏牛肉、土豆泥、火腿肠、蒿笋、水晶肴肉、豇豆、冬瓜皮

技术要领：烛台花的摆放位置要有错落感

火烛银花

步骤 1

将红辣椒熟处理后修出花形。

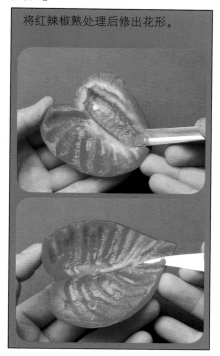

步骤 2

用土豆泥垫底，将黄瓜改刀成柳叶形片，并拼摆出叶形。

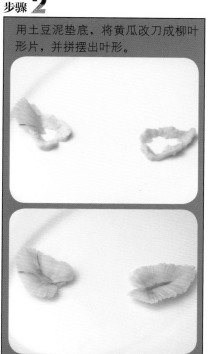

步骤 3

用豇豆作花梗；红辣椒改刀成花蕊后接在花叶面上；最后将黄瓜、烟熏牛肉、水晶肴肉、火腿肠、蒿笋、冬瓜皮改刀后拼摆出地坪即成。

花枝招展

材料选择：胡萝卜、黄瓜、烟熏牛肉、土豆泥、红肠、火腿肠、篙笋、豇豆、冬瓜皮

技术要领：花和叶的摆放位置要有错落感

步骤 1

用土豆泥码出花的雏形，将胡萝卜改刀成柳叶形片，并拼摆出花形。

步骤 2

用土豆泥码底；黄瓜改刀成柳叶形片，并拼摆出叶形。

步骤 3

用豇豆作花梗；胡萝卜改刀成花蕊并接在花叶面上；黄瓜、烟熏牛肉、火腿肠、红肠、篙笋、冬瓜皮改刀后拼摆出地坪即成。

工艺流程

植物 ZHIWU

材料选择：胡萝卜、心里美、南瓜、黄瓜、土豆泥、西芹、卤
豆筋、鲜香菇、冬瓜皮
技术要领：整体要饱满

繁花似锦

步骤 1

先用土豆泥码底；将黄瓜、南瓜、鲜香菇改刀成片，并拼摆出篮身。

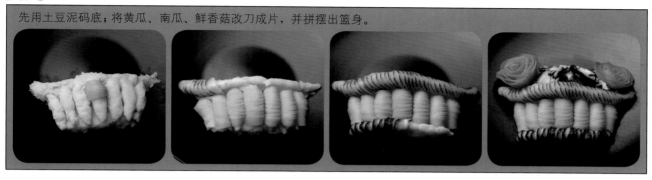

步骤 2

将鲜香菇切丝垫底；胡萝卜、心里美、南瓜、西芹、卤豆筋改刀后制作成花形；用冬瓜皮修出叶子并修饰好后即成。

工艺流程

冷拼

超凡脱俗

材料选择：黄瓜、酱里脊肉、水晶肴肉、松花皮蛋肠、土豆泥、火腿肠、烟熏豆腐干、蛋黄糕、蛋白糕、豇豆、洋葱

技术要领：叶子边缘要整齐，摆放位置应规整

ZHIWU

步骤 1

先用土豆泥码底；再将黄瓜、酱里脊肉、松花皮蛋肠、火腿肠、烟熏豆腐干、蛋白糕改刀成长片，并拼摆出六个呈放射状的叶形。

步骤 2

将洋葱改刀成花瓣；用土豆泥垫底并拼摆出荷花，中间放上水晶肴肉做的莲蓬；豇豆切成薄片作莲子；蛋黄糕围在莲蓬周围作花蕊，最后加以修饰即成。

工艺流程

植物 ZHIWU

材料选择：心里美、黄瓜、松花皮蛋肠、土豆泥、火腿肠、蛋白糕、红辣椒

技术要领：各种花形应层次分明

步骤 1

先用土豆泥码成梅花形；将松花皮蛋肠、火腿肠、蛋白糕改刀成片，一层层由外往里拼摆成形。

步骤 2

将心里美改刀成半圆片，一层层由外往里拼摆成花蕊；将黄瓜和红辣椒改刀修饰后即成。

工艺流程

冷拼

锦上添花

材料选择：酱里脊肉、西兰花、红辣椒、松花皮蛋肠、土豆泥、火腿肠、蛋白糕

技术要领：花形应层次分明

步骤 1

先用土豆泥码成梅花形；再将松花皮蛋肠、火腿肠、蛋白糕改刀成片，一层层由外往里拼摆成形。

步骤 2

将酱里脊肉、西兰花、红辣椒改刀后拼摆出花蕊即成。

植物 ZHIWU

材料选择：红辣椒、心里美、黄瓜、卤猪舌、蒜薹、火腿肠、
烟熏豆腐干、蛋黄糕、鲜香菇、蒜香肠
技术要领：花叶弯曲应自然舒展

[胸有成竹]

步骤 1

将黄瓜改刀后拼摆出翠竹外形。

步骤 2

将红辣椒、心里美、鲜香菇改刀后拼摆出花形；再将黄瓜、卤猪舌、蛋黄糕、蒜薹、火腿肠、烟熏豆腐干、鲜香菇、蒜香肠改刀后拼摆出地坪和蜜蜂即成。

工艺流程

春笋吐艳

材料选择：胡萝卜、西芹、红肠、心里美、黄瓜、莴苣、土豆泥、松花皮蛋肠、烤里脊肉、火腿肠、冬瓜皮

技术要领：三根春笋要相错竖立

步骤 1

先用土豆泥码出春笋雏形；胡萝卜、心里美、莴苣改刀成桃形片；将西芹改刀作笋须，从上往下一层层将胡萝卜、心里美、莴苣做的桃形片包裹在土豆泥上。

步骤 2

将黄瓜、松花皮蛋肠、烤里脊肉、红肠、火腿肠、冬瓜皮改刀后拼摆出地坪即成。

植物 ZHIWU

材料选择：红辣椒、苦瓜、黄瓜、卤蛋、水晶肴肉、西兰花、
红肠、烟熏豆腐干、蛋黄糕、松花皮蛋肠、鲜香菇
技术要领：花叶应弯曲自然

松菊迎露

步骤 1

将黄瓜改刀为连刀片；鲜香菇切丝并拼摆出松树枝和树叶；用红辣椒、苦瓜、黄瓜、鲜香菇改刀后拼摆出菊花形。

步骤 2

用卤蛋、水晶肴肉、西兰花、红肠、烟熏豆腐干、蛋黄糕、松花皮蛋肠改刀拼摆出地坪。

工艺流程

步骤 1

先用土豆泥码出春笋雏形；再用黄瓜改刀后拼摆出竹子；将西芹改刀后作笋须；胡萝卜、南瓜、白萝卜、莴苣改刀成桃形片。从上往下一层层包裹在土豆泥上；白萝卜、黄瓜、莴苣、红肠、卤牛肉、蛋黄糕、金银猪肝、卤猪耳、鲜虾和篙笋改刀后拼摆出地坪。

植物 ZHIWU

ZHUO ZHUANG CHENG ZHANG [茁壮成长]

步骤 2

将西芹、南瓜、黄瓜、卤猪耳、鲜虾、鲜香菇改刀后拼摆出四个小围碟。

步骤 3

将四个围碟放在中盘周围即成。

工艺流程

冷拼 **金鱼戏水**

材料选择：胡萝卜、卤牛肉、蛋白糕、土豆泥、烤里脊肉、黄瓜、烟熏豆腐干、松花皮蛋肠、卤猪舌、火腿肠
技术要领：鱼尾要拼出层次和富于动感

步骤 1

先用土豆泥码出两条鱼的鱼身；将黄瓜、胡萝卜改刀成形，分别拼摆出两条鱼的外形；用蛋白糕和松花皮蛋肠作眼睛。

步骤 2

将卤牛肉、黄瓜、卤猪舌、烤里脊肉、火腿肠、烟熏豆腐干改刀后拼摆成水草即成。

动物 DONGWU

材料选择：胡萝卜、蛋黄糕、蛋白糕、黄瓜、土豆泥、心里美、松花皮蛋肠、卤猪舌、火腿肠、西兰花

技术要领：鱼鳍要展开

步骤 1

先用土豆泥码出鱼的雏形；将胡萝卜、蛋黄糕、黄瓜、松花皮蛋肠改刀成形后拼摆出鱼尾和鱼鳍。

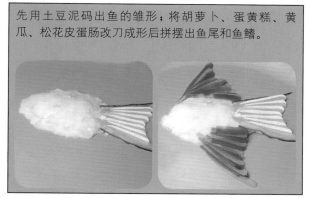

步骤 2

将胡萝卜、蛋黄糕、黄瓜、心里美、松花皮蛋肠、火腿肠改刀成形后拼摆出鱼形花纹，用蛋白糕和松花皮蛋肠作眼睛。

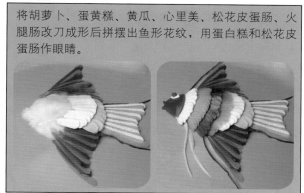

步骤 3

将黄瓜、卤猪舌、火腿肠、西兰花改刀后拼摆出水底和水草即成。

工艺流程

鱼蟹同乐

材料选择：胡萝卜、南瓜、蛋白糕、黄瓜、土豆泥、莴笋、红肠、鲜虾、松花皮蛋肠、卤牛肉、冬瓜皮、火腿肠、西兰花

技术要领：鱼和蟹的位置要协调

步骤 1

将松花皮蛋肠改刀成形后拼摆出蟹身。

步骤 2

用土豆泥码出鱼的雏形；将胡萝卜、南瓜、莴笋、松花皮蛋肠改刀成形后拼摆出鱼形，用蛋白糕和松花皮蛋肠作眼睛。

步骤 3

将黄瓜、莴笋、红肠、鲜虾、卤牛肉、冬瓜皮、火腿肠、西兰花改刀后拼摆出水底和水草；最后用莴笋作成鱼吐的水泡即成。

材料选择：蛋黄糕、蛋白糕、黄瓜、土豆泥、西兰花、松花皮蛋肠、卤猪舌、火腿肠
技术要领：虾身要有弯曲弧度

[虾 趣]

步骤 1

先用土豆泥码出两只虾的雏形；松花皮蛋肠改刀成形后拼摆出完整虾形，用蛋白糕和松花皮蛋肠作眼睛。

步骤 2

将蛋黄糕、黄瓜、西兰花、卤猪舌、火腿肠改刀后拼摆出水底和水草即成。

工艺流程

横行霸道

材料选择：胡萝卜、土豆泥、心里美、烟熏牛肉、川式香肠、松花皮蛋肠、西芹、南瓜、黄瓜、红肠、卤牛肉、火腿肠、冬瓜皮、西兰花、蒜薹

技术要领：蟹脚的走向和结构要正确

步骤 1

先用土豆泥码底；将胡萝卜、烟熏牛肉、心里美、川式香肠、西芹、南瓜、黄瓜、红肠、卤牛肉、火腿肠、冬瓜皮、西兰花改刀后拼摆水底和水草，将烟熏牛肉、松花皮蛋肠改刀后，分别拼摆成两只色彩不同的蟹。

步骤 2

用松花皮蛋肠摆出黑蟹蟹壳，将蒜薹切为短节作水泡即成。

动物 DONGWU

材料选择：蛋黄糕、土豆泥、蛋白糕、松花皮蛋肠
技术要领：鱼身要有弯曲弧度

[鱼 跃]

步骤 1

先用土豆泥码出鱼身雏形；将蛋黄糕改刀成形，拼摆出鱼形；用蛋白糕和松花皮蛋肠作眼睛。

步骤 2

将蛋白糕改刀成水浪形，拼摆出与鱼运动方向相反的造型即成。

工艺流程

冷拼 **蝴蝶鱼**

材料选择：胡萝卜、蛋黄糕、黄瓜、土豆泥、心里美、西兰花、松花皮蛋肠、蛋白糕、卤猪舌、火腿肠、蒜薹

技术要领：鱼鳞色彩应鲜艳分明

步骤 1

先用土豆泥码出鱼身雏形；将胡萝卜、松花皮蛋肠改刀成形，拼摆出鱼鳍；将蛋白糕、胡萝卜、蛋黄糕、心里美、松花皮蛋肠改刀成形，拼摆出鱼形，用蛋白糕和松花皮蛋肠作眼睛。

步骤 2

最后将黄瓜、西兰花、卤猪舌、火腿肠、蒜薹等改刀后拼摆出水泡和水草即成。

工艺流程

材料选择：土豆泥、胡萝卜、黄瓜、心里美、松花皮蛋肠、烟熏牛肉、小红辣椒、火腿肠、红肠、烟熏豆腐干、苦瓜、冬瓜皮

技术要领：鸟头形象逼真

[葵花鹦鹉]

步骤 1

用土豆泥码出鸟的雏形，安上用胡萝卜雕刻的鸟嘴；红肠和烟熏豆腐干改刀成形，从尾部开始拼摆出尾羽，松花皮蛋肠改刀作脚。

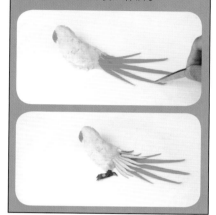

步骤 2

将胡萝卜、黄瓜、心里美、烟熏豆腐干改刀成小圆片，拼摆出鹦鹉的腹部羽毛，红肠切成小方块作翅膀的骨架，然后将黄瓜、松花皮蛋肠、火腿肠和烟熏豆腐干改刀成形，拼摆出翅膀。

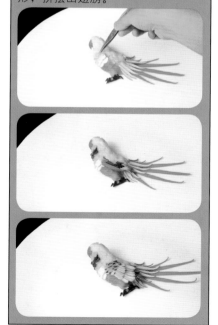

步骤 3

将黄瓜、松花皮蛋肠、火腿肠和烟熏豆腐干改刀成形，拼摆出另一只翅膀；将胡萝卜改刀成鹦鹉的头羽并安上；胡萝卜、火腿肠和烟熏豆腐等改刀成小圆片，拼摆出鹦鹉的身上羽毛；胡萝卜、黄瓜、松花皮蛋肠、烟熏牛肉、小红辣椒、火腿肠、红肠、苦瓜和冬瓜皮等改刀成形，拼摆出地坪和花草即成。

工艺流程

孔雀开屏

材料选择：胡萝卜、心里美、南瓜、水晶肴肉、黄瓜、烟熏豆腐干、苦瓜、松花皮蛋肠、烤里脊肉、鲜虾、火腿肠、蛋黄糕、红肠、土豆泥、西兰花、冬瓜皮
技术要领：羽毛展开呈半圆形

步骤 1

先用南瓜雕刻出孔雀头；土豆泥码底，苦瓜、松花皮蛋肠、胡萝卜、蛋黄糕改刀成形，从外往里拼摆出羽毛雏形。

步骤 2

用土豆泥、冬瓜皮搭出翅膀骨架；将水晶肴肉、黄瓜、烟熏豆腐干、蛋黄糕改刀后拼摆出翅膀。

步骤 3

用胡萝卜雕刻为孔雀脚；胡萝卜和心里美改刀后拼摆出身上羽毛；烤里脊肉、鲜虾、火腿肠、红肠、土豆泥、西兰花、冬瓜皮改刀后拼摆出地坪即成。

动物 DONGWU

材料选择：胡萝卜、心里美、南瓜、黄瓜、土豆泥、卤猪耳、烟熏豆腐干、松花皮蛋肠、烤里脊肉、鲜虾、火腿肠、川式香肠、红辣椒、西芹、蒜薹、红肠、西兰花、冬瓜皮

技术要领：羽毛展开得规整、自然

[孔雀1]

步骤 1

先用南瓜雕刻出孔雀头；土豆泥码底；将黄瓜、心里美、南瓜改刀成形后拼摆出羽毛雏形。

步骤 2

用土豆泥、冬瓜皮搭出翅膀骨架；将红辣椒、胡萝卜、心里美、水晶肴肉、黄瓜、烟熏豆腐干改刀后拼摆出翅膀。

步骤 3

将胡萝卜雕刻成孔雀脚，用胡萝卜摆成羽毛；西芹和蒜薹作竹子；卤猪耳、烟熏豆腐干、松花皮蛋肠、烤里脊肉、鲜虾、火腿肠、川式香肠、红肠、西兰花、冬瓜皮改刀后拼摆出地坪。

工艺流程

孔雀2

材料选择：胡萝卜、心里美、南瓜、黄瓜、土豆泥、烟熏豆腐干、烤里脊肉、鲜虾、火腿肠、蛋黄糕、红肠、红辣椒、西兰花、冬瓜皮

技术要领：羽毛展开得规整、自然

步骤 1

先用南瓜雕刻出孔雀头；土豆泥码底；黄瓜、胡萝卜和蛋黄糕改刀成形后拼摆出羽毛。

步骤 2

用胡萝卜雕刻成孔雀脚；胡萝卜和心里美改刀后拼摆成身上羽毛；用土豆泥和冬瓜皮搭出翅膀骨架；胡萝卜、蛋黄糕、红辣椒、烟熏豆腐干改刀后拼摆出翅膀；烟熏豆腐干、烤里脊肉、鲜虾、火腿肠、红肠、西兰花、冬瓜皮改刀后拼摆出地坪即成。

动物

DONGWU

材料选择：土豆泥、胡萝卜、莴苣
技术要领：龙身弯曲应灵活自然

[盛世龙腾]

先用胡萝卜雕刻出龙头、龙爪，并将其作熟处理。

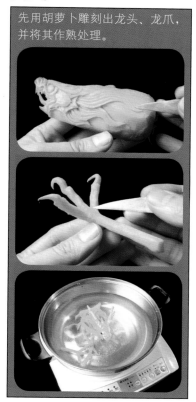

步骤 **3**

最后拼接上龙爪、龙头；用莴苣拼作云彩即成。

步骤 **2**

用土豆泥拼出龙身；胡萝卜改刀成形后拼摆出背鳍和龙身鳞片。

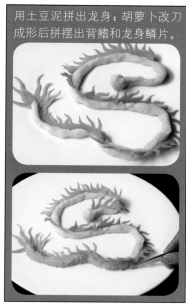

工艺流程

冷拼

凤戏牡丹

材料选择：胡萝卜、心里美、火腿肠、洋葱、南瓜、黄瓜、苦瓜、洋葱、水晶肴肉、松花皮蛋肠、土豆泥、烤里脊肉、鲜虾、蛋黄糕、蛋白糕、番茄皮、红辣椒、冬瓜皮

技术要领：羽毛展开应规整、自然

步骤 1

先用南瓜事先雕刻出凤凰头；土豆泥码底；红辣椒改刀拼摆出凤尾羽，火腿肠、心里美、蛋黄糕、松花皮蛋肠、胡萝卜、黄瓜改刀成椭圆形片，将他们有规律地拼摆在凤尾羽作点缀。

步骤 2

将苦瓜切丝作长尾羽；土豆泥和冬瓜皮搭出翅膀骨架；水晶肴肉、胡萝卜改刀后拼摆出翅膀；蛋白糕切片作背上羽毛；松花皮蛋肠切片作背上立翅。

步骤 3

用胡萝卜雕刻成凤凰脚；南瓜和心里美作身上羽毛；洋葱、南瓜改刀后拼摆出牡丹花形；用番茄皮卷出玫瑰花形；烤里脊肉、鲜虾、冬瓜皮改刀后拼摆出地坪即成。

动物
DONGWU

材料选择：胡萝卜、心里美、南瓜、黄瓜、苦瓜、水晶肴肉、烟熏豆腐干、松花皮蛋肠、土豆泥、烤里脊肉、鲜虾、火腿肠、蛋黄糕、红肠、红辣椒、西兰花、冬瓜皮

技术要领：羽毛展开应规整、自然

[白鸟之王]

步骤 1

先用南瓜事先雕刻出凤凰头；用土豆泥码底；红辣椒改刀拼摆出凤尾羽；火腿肠、心里美、蛋黄糕、松花皮蛋肠、胡萝卜、黄瓜改刀成椭圆形片，将他们有规律地拼摆在凤尾羽作点缀。

步骤 2

按照以上方法拼摆出另外两条凤尾羽；苦瓜切丝作长尾羽；土豆泥和冬瓜皮搭出翅膀骨架；水晶肴肉、南瓜、烟熏豆腐干、胡萝卜改刀后拼摆出翅膀；松花皮蛋肠切片作背上立翅。

步骤 3

用胡萝卜雕刻成凤凰脚；南瓜和心里美作身上羽毛；最后将烤里脊肉、鲜虾、火腿肠、红肠、西兰花、冬瓜皮改刀后拼摆出地坪即成。

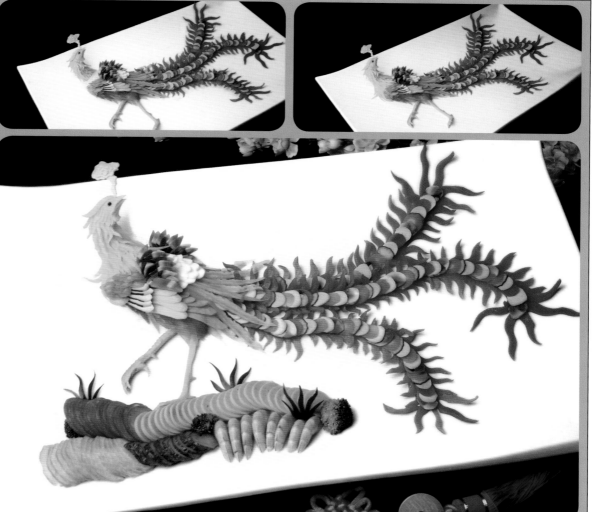

工艺流程

冷拼

蝶恋花

DONGWU

材料选择：胡萝卜、土豆泥、心里美、烟熏牛肉、川式香肠、腊肉、西芹、南瓜、黄瓜、火腿肠、卤豆筋、红肠、鲜香菇、红辣椒、冬瓜皮、西兰花

技术要领：整体要饱满

步骤 1

先用土豆泥码底；红肠、胡萝卜、烟熏牛肉、川式香肠、腊肉、南瓜、黄瓜、火腿肠、冬瓜皮、西兰花改刀后拼摆成地坪；胡萝卜、南瓜、西芹、卤豆筋、心里美改刀后拼摆出各种花形。

步骤 2

将胡萝卜、黄瓜、鲜香菇、红辣椒改刀后拼摆出蝴蝶即成。

工艺流程

图解花色冷拼 **052**

材料选择：胡萝卜、黄瓜、苦瓜、水晶肴肉、松花皮蛋肠、烟熏脊肉、蛋黄糕、篙笋、鲜香菇、红辣椒、冬瓜皮

技术要领：蝴蝶大小比例应协调

［彩蝶翩翩］

步骤 1

将胡萝卜、篙笋、蛋黄糕、松花皮蛋肠改刀成片，拼摆出彩蝶翅膀。

步骤 2

将鲜香菇、红辣椒、篙笋改刀后拼摆出蝴蝶身子，最后将黄瓜、苦瓜、水晶肴肉、烟熏脊肉、红辣椒、冬瓜皮改刀后拼摆出地坪即成。

工艺流程

彩蝶争艳

材料选择：胡萝卜、黄瓜、卤蛋、心里美、苦瓜、水晶肴肉、火腿肠、烟熏脊肉、烟熏豆腐干、蛋黄糕、篙笋、鲜香菇、豇豆、小红辣椒、冬瓜皮
技术要领：三只蝴蝶的位置要协调

步骤 1

将胡萝卜、心里美、烟熏豆腐干、蛋黄糕、黄瓜、豇豆、小红辣椒改刀成片，先拼摆出翅膀再将鲜香菇改刀后拼摆蝴蝶身子。

步骤 2

将黄瓜、卤蛋、苦瓜、水晶肴肉、火腿肠、烟熏脊肉、烟熏豆腐干、篙笋、小红辣椒、冬瓜皮改刀后拼摆出地坪和花草即成。

工艺流程

动物 DONGWU

材料选择：胡萝卜、心里美、南瓜、小红辣椒、黄瓜、莴苣、西兰花、烟熏牛肉、土豆泥、火腿肠、鲜香菇、豇豆、芹菜叶

技术要领：制作牡丹花叶时要有层次，蝴蝶要有动感

蝶 舞

步骤 1

先用土豆泥和鲜香菇片拼出树枝；将心里美、南瓜分别改刀成柳叶片，8~12片为一组，从外往里一瓣一瓣拼摆成牡丹花瓣，装上花蕊。

步骤 2

用芹菜叶作花叶；将胡萝卜、莴苣、豇豆、黄瓜、小红辣椒改刀成片，拼摆出翅膀；鲜香菇改刀后拼摆出蝴蝶身子；将胡萝卜、黄瓜、莴苣、西兰花、烟熏牛肉、火腿肠改刀成形，制作成地坪即成。

工艺流程

金鸡报晓

材料选择：胡萝卜、土豆泥、烟熏牛肉、川式香肠、腊肉、黄瓜、火腿肠、红肠、冬瓜皮、西兰花

技术要领：公鸡的造型要有雄健、昂扬感

步骤 1

先用土豆泥码底，安上刻好的鸡头；胡萝卜改刀成柳叶形的连刀片，从尾部开始拼摆出尾羽；安上胡萝卜作翅膀的骨架，再接上刻好的鸡脚；将胡萝卜改刀成形，并拼摆出翅膀和羽毛。

步骤 2

最后将烟熏牛肉、川式香肠、腊肉、黄瓜、火腿肠、红肠、冬瓜皮、西兰花改刀成形，拼摆成地坪即成。

动物
DONGWU

材料选择：土豆泥、烟熏牛肉、黄瓜、红肠、苦瓜、篙笋、鲜虾、南瓜、鲜香菇、冬瓜皮、西兰花

技术要领：两只鸡的造型要有互动感

[胜者为王]

步骤 1

先用土豆泥码底，安上用南瓜刻好的鸡头，南瓜改刀成形，从尾部开始拼摆出尾羽，安上用南瓜作翅膀的骨架，然后分别拼摆出奔跑和飞舞的鸡。

步骤 2

用鲜香菇作鸡脚；将烟熏牛肉、黄瓜、红肠、苦瓜、篙笋、鲜虾、冬瓜皮和西兰花改刀成形制作成地坪即成。

工艺流程

翠 鸟

材料选择：土豆泥、胡萝卜、心里美、鲜香菇、水晶肴肉、苦瓜、烟熏豆腐干、松花皮蛋肠、蛋黄糕、黄瓜、火腿肠、红肠、蒜薹

技术要领：翠鸟的造型要有立体感

步骤 1

先用土豆泥码底；蒜薹作柳树枝，安上用黄瓜作翅膀的骨架；胡萝卜、心里美、水晶肴肉、松花皮蛋肠、蛋黄糕改刀成形，从尾部开始拼摆出尾羽和翅膀；安上刻好的鸟头；鲜香菇作鸟爪；胡萝卜、心里美改刀成形，并拼摆出羽毛；黄瓜改刀成柳叶。

步骤 2

将苦瓜、水晶肴肉、烟熏豆腐干、松花皮蛋肠、蛋黄糕、黄瓜、火腿肠、红肠改刀成形，并用其拼摆出地坪即成。

动物 DONGWU

材料选择：土豆泥、胡萝卜、心里美、鲜香菇、水晶肴肉、烟熏豆腐干、松花皮蛋肠、蛋黄糕、黄瓜、烤里脊肉、西兰花、卤猪舌

技术要领：燕子的造型要有飞翔感

[燕子报春]

步骤 1

先用土豆泥制作出鸟的雏形，再安上用卤猪舌片作翅膀的骨架；胡萝卜、心里美、烟熏豆腐干、烤里脊肉、蛋黄糕改刀成形，从尾部开始拼摆出尾羽和翅膀；将松花皮蛋肠改刀后作头羽。

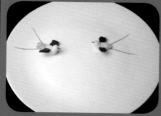 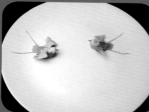  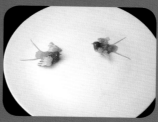

步骤 2

将鲜香菇、水晶肴肉、烟熏豆腐干、松花皮蛋肠、蛋黄糕、黄瓜、西兰花、卤猪舌改刀成形，并用其拼摆出地坪和柳枝即成。

工艺流程

材料选择：土豆泥、胡萝卜、鲜香菇、水晶肴肉、蛋白糕、红辣椒、蛋黄糕、黄瓜、烤里脊肉、西兰花、金银猪肝、鲜虾、苦瓜、火腿肠、冬瓜皮

技术要领：鸟的造型要有飞翔感

步骤 1

先用土豆泥制作出鸟的雏形，再安上用冬瓜皮作翅膀的骨架；蛋白糕、红辣椒、水晶肴肉、鲜香菇梗、蛋黄糕改刀成形，从尾部开始拼摆出尾羽和翅膀。

步骤 2

将胡萝卜、蛋黄糕改刀成形，并拼摆出燕羽；鲜香菇改刀作爪，红辣椒、黄瓜、烤里脊肉、西兰花、金银猪肝、鲜虾、苦瓜、火腿肠、冬瓜皮改刀成形，并用其制作为地坪和柳枝即成。

动物 *DONGWU*

材料选择：土豆泥、烟熏牛肉、烟熏豆腐干、火腿肠、红肠、
卤蛋、冬瓜皮
技术要领：飞鸽的羽毛应层次分明

[和平祥鸽]

步骤 1

用土豆泥制作出鸟的雏形；红肠雕刻后作鸽爪，烟熏豆腐干去皮改刀成片，从尾部开始拼摆出身上羽毛。

步骤 2

将烟熏牛肉、火腿肠、红肠、卤蛋、冬瓜皮改刀成形，并用其拼摆出地坪即成。

工艺流程

和平之旅

材料选择：土豆泥、篙笋、鲜香菇、烟熏牛肉、烟熏豆腐干、
火腿肠、苦瓜、冬瓜
技术要领：鸽子的造型要有飞翔感

步骤 1

先用土豆泥制作出鸟的雏形；再安上用冬瓜作翅膀的骨架；鲜香菇作鸽爪；篙笋改刀成形，从尾部开始拼摆出尾羽、翅膀。

步骤 2

将篙笋改刀成形，拼摆出另一个翅膀和身上羽毛；烟熏牛肉、烟熏豆腐干、火腿肠、苦瓜和冬瓜皮改刀成形，并用其拼摆出地坪即成。

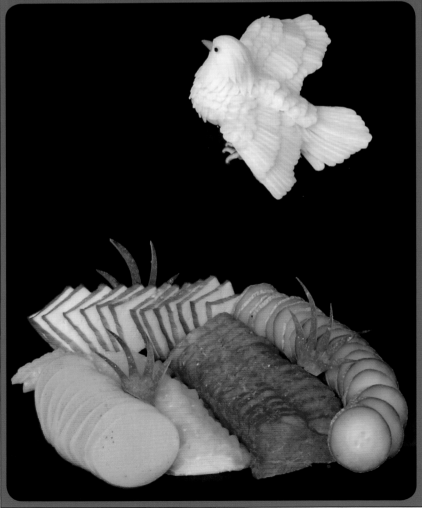

材料选择：土豆泥、黄瓜、松花皮蛋肠、鲜香菇、烟熏豆腐干、火腿肠、卤蛋、冬瓜皮
技术要领：鸟的羽毛应层次分明

[漫　步]

步骤 1

先用土豆泥码出鸟的雏形；用黄瓜作腿；将烟熏豆腐干改刀成形，从尾部开始拼摆出身上羽毛；将烟熏豆腐干改刀成形，并拼摆出颈部羽毛。

步骤 2

用烟熏豆腐干皮作嘴，鲜香菇作爪；将松花皮蛋肠、火腿肠、卤蛋、冬瓜皮改刀成形，并用其拼摆出地坪即成。

工艺流程

冷拼

英雄独立

材料选择：黄瓜、红肠、南瓜、水晶肴肉、松花皮蛋肠、烤里
脊肉、西兰花、卤猪耳、土豆泥、冬瓜皮
技术要领：嘴和脚要有力度感，羽毛应层次分明

步骤 1

先用土豆泥制作出鹰的雏形，安上用南瓜雕刻的鸟头；水晶肴肉和松花皮蛋肠改刀成形，从尾部开始拼摆出尾羽和翅膀。

步骤 2

将黄瓜、红肠、烤里脊肉、松花皮蛋肠、西兰花、卤猪耳和冬瓜皮改刀成形，并用其拼摆出地坪即成。

动物 DONGWU

材料选择：土豆泥、黄瓜、松花皮蛋肠、卤猪舌、蛋黄糕、红肠、烟熏豆腐干、火腿肠、西兰花

技术要领：黑鸭身段要优美并具立体感

步骤 1

先用土豆泥制作出鸭的雏形，安上用松花皮蛋肠雕刻的鸭头；将松花皮蛋肠改刀成形，从尾部开始拼摆出鸭身羽毛。

步骤 2

将土豆泥、黄瓜、卤猪舌、蛋黄糕、红肠、烟熏豆腐干、西兰花、火腿肠改刀成形，用其拼摆出地坪和水纹即成。

工艺流程

鹦鹉闹梅

DONGWU

材料选择：土豆泥、胡萝卜、篙笋、南瓜、黄瓜、松花皮蛋肠、鲜香菇、烟熏牛肉、鲜虾、小红辣椒、火腿肠、红肠、西兰花、苦瓜、冬瓜皮

技术要领：鸟和花枝位置协调

步骤 1

先用土豆泥制作出鸟的雏形，安上用胡萝卜雕刻的鸟头；红肠和南瓜改刀成形，从尾部开始拼摆出尾羽和腹部羽毛。

步骤 2

将胡萝卜、篙笋和松花皮蛋肠改刀成形，并拼摆出颈部羽毛、背部鳞形羽毛和翅膀。

步骤 3

用鲜香菇作脚；黄瓜和小红辣椒改刀后作梅花枝，将篙笋、烟熏牛肉、鲜虾、火腿肠、红肠、西兰花、苦瓜、冬瓜皮改刀成形，用其拼摆出地坪即成。

动物 DONGWU

材料选择：土豆泥、胡萝卜、莴笋、南瓜、黄瓜、水晶肴肉、
松花皮蛋肠、鲜香菇、烟熏牛肉、鲜虾、小红辣
椒、火腿肠、红肠、苦瓜、冬瓜皮
技术要领：鸟的羽毛应分明

[鸟语花香]

步骤 1

先土豆泥制作出鸟的雏形，安上用胡萝卜雕刻的鸟头；将莴笋、红肠、南瓜改刀成形，从尾部开始拼摆出尾羽；将水晶肴
肉、莴笋、松花皮蛋肠改刀成形，拼摆出翅膀；胡萝卜和南瓜改刀作身上羽毛；鲜香菇作脚。

步骤 2

用黄瓜、小红辣椒改刀作梅花枝；将烟熏牛肉、鲜虾、火腿肠、苦瓜、冬瓜皮改刀成形，并用其拼摆出地坪即成。

工艺流程

前程似锦

材料选择：土豆泥、胡萝卜、篙笋、南瓜、黄瓜、松花皮蛋肠、鲜香菇、烟熏牛肉、鲜虾、红辣椒、红肠、冬瓜皮

技术要领：鸟的姿态要有飞翔感

步骤 1

先用土豆泥制作出鸟的雏形，安上用胡萝卜雕刻的鸟头和南瓜片作翅膀的骨架；红肠、南瓜改刀成形，从尾部开始拼摆出尾羽；松花皮蛋肠改刀成形，拼摆出翅膀；南瓜、篙笋、胡萝卜、南瓜改刀后作身上羽毛；鲜香菇作脚。

步骤 2

黄瓜和红辣椒改刀作柳叶枝；将烟熏牛肉、鲜虾、红辣椒、红肠、冬瓜皮改刀成形，用其拼摆出地坪即成。

材料选择：胡萝卜、心里美、南瓜、黄瓜、番茄、松花皮蛋肠、土豆泥、烤里脊肉、卤猪耳、鲜香菇、红肠、冬瓜皮

技术要领：绶带鸟的造型应有飞翔感

绶带鸟

步骤 1

用番茄皮卷出花形。

步骤 2

先用土豆泥码底；鲜香菇改刀后拼摆出树枝，安上用胡萝卜雕刻的鸟头、脚和南瓜片作翅膀的骨架；胡萝卜、心里美、南瓜、黄瓜改刀成形，从尾部开始拼摆出羽毛和翅膀。

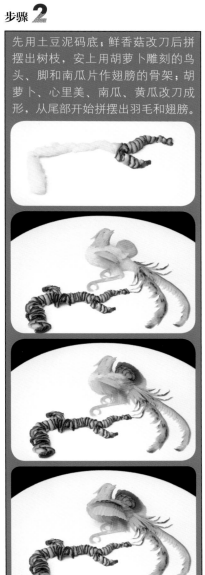

步骤 3

放上用番茄皮做的花；将黄瓜、松花皮蛋肠、烤里脊肉、卤猪耳、红肠、冬瓜皮改刀后拼摆出地坪即成。

喜上眉梢

材料选择：胡萝卜、南瓜、心里美、松花皮蛋肠、土豆泥、烤里脊肉、烟熏豆腐干、红辣椒、鲜香菇、蛋黄糕、蛋白糕、冬瓜皮

技术要领：羽毛要有层次感，力求色彩鲜艳

步骤 1

先用土豆泥和和香菇片拼摆出树枝，将土豆泥码出鸟的雏形，安上用冬瓜皮作翅膀的骨架；将胡萝卜、松花皮蛋肠、烤里脊肉、烟熏豆腐干、红辣椒、蛋黄糕、蛋白糕改刀成形，从尾部开始拼摆出尾羽和翅膀。

步骤 2

将胡萝卜、烤里脊肉、蛋黄糕、蛋白糕改刀成形，用其拼摆出鸟身羽毛；胡萝卜改刀成片，拼摆出梅花；南瓜切丝作花蕊；最后蛋黄糕、蛋白糕改刀成形，拼摆出另一只翅膀；心里美、松花皮蛋肠、蛋黄糕、蛋白糕改刀成形，认真修饰即成。

动物 DONGWU

材料选择：胡萝卜、黄瓜、莴笋、烟熏豆腐干、松花皮蛋肠、
土豆泥、红肠、烟熏牛肉、苦瓜、冬瓜皮
技术要领：鹤的造型应有飞翔感

[飞鹤亮翅]

步骤 1

先用烟熏豆腐干改刀后拼摆出树枝，用土豆泥制作出仙鹤的雏形；安上用胡萝卜、莴笋雕刻的鸟头和用冬瓜片作翅膀的骨架；松花皮蛋肠改刀作脚和尾羽；莴笋改刀成形，拼摆出翅膀和身上羽毛；将黄瓜改刀成形，拼摆出松叶。

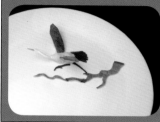 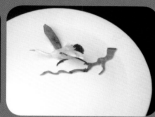 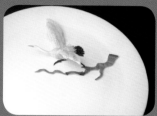 

步骤 2

烟熏豆腐干、黄瓜、烟熏牛肉、苦瓜、红肠、冬瓜皮改刀成形，拼摆出地坪即成。

工艺流程

松鹤延年

材料选择：黄瓜、白萝卜、蛋白糕、金银猪肝、鲜香菇、西兰花、烤里脊肉、松花皮蛋肠、土豆泥、冬瓜皮

技术要领：两只仙鹤的位置要协调，要有飞翔的动感

步骤 1

先用土豆泥制作出仙鹤的雏形，安上用白萝卜、松花皮蛋肠雕刻的鸟头和用冬瓜片作翅膀的骨架；黄瓜作腿；松花皮蛋肠、蛋白糕改刀成形，从尾部开始拼摆出尾羽、翅膀和身上羽毛。

步骤 2

将黄瓜、鲜香菇改刀成形，拼摆出松枝；把黄瓜、金银猪肝、西兰花、烤里脊肉、松花皮蛋肠、冬瓜皮改刀成形，用其拼摆出地坪即成。

动物
DONGWU

材料选择：黄瓜、白萝卜、蛋白糕、红肠、鲜香菇、西兰花、烤里脊肉、鲜虾、火腿肠、松花皮蛋肠、土豆泥、冬瓜皮

技术要领：鹤身姿态要优美

[独 步]

步骤 1

先用土豆泥制作出仙鹤的雏形，安上用白萝卜、松花皮蛋肠雕刻的鸟头和用冬瓜片作翅膀的骨架；黄瓜作腿；松花皮蛋肠、蛋白糕改刀成形，从尾部开始拼摆出尾羽和背上鳞片形羽毛；将松花皮蛋肠和蛋白糕改刀成形，拼摆出翅膀和身上羽毛。

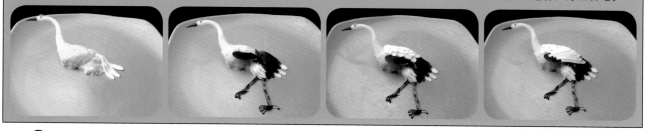

步骤 2

最后将红肠、西兰花、烤里脊肉、鲜虾、火腿肠、冬瓜皮改刀成形，用其拼摆出地坪即成。

工艺流程

大展宏图

材料选择：蛋白糕、烟熏豆腐干、红肠、黄瓜、卤猪舌、鲜香菇、松花皮蛋肠、土豆泥、西兰花

技术要领：脚应有力度感，翅膀要大、要长

步骤 1

先用土豆泥制作出鹰的雏形，安上用松花皮蛋肠雕刻的鸟头；红肠、松花皮蛋肠和烟熏豆腐干改刀成形，拼摆出内侧翅膀。

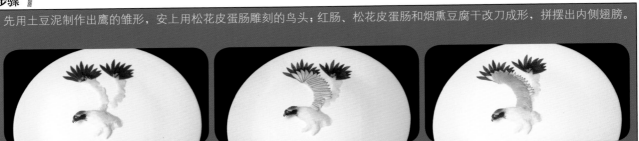

步骤 2

将松花皮蛋肠、烟熏豆腐干和蛋白糕改刀成形，从尾部开始拼摆出尾羽、翅膀和身上羽毛；鲜香菇改刀作鹰爪，黄瓜、西兰花、卤猪舌改刀后拼摆出山峰即成。

动物 **DONGWŪ**

材料选择：黄瓜、胡萝卜、火腿肠、南瓜、红肠、烟熏豆腐
　　　　干、鲜香菇、土豆泥、冬瓜皮
技术要领：脚要有力度感，身形要有飞翔感

［鹰击长空］

步骤 1

先用土豆泥制作出鹰的雏形，安上用南瓜雕刻的鸟头和用冬瓜片作翅膀的骨架；将黄瓜、火腿肠、红肠、烟熏豆腐干改刀成形，从尾部开始拼摆出尾羽和内侧翅膀。

步骤 2

将黄瓜、火腿肠、红肠、烟熏豆腐干改刀成形，拼摆出外侧翅膀；胡萝卜改刀后拼摆出腿和身上羽毛；鲜香菇改刀作爪。

工艺流程

熊猫戏竹

材料选择：黄瓜、胡萝卜、烟熏豆腐干、紫菜、烟熏牛肉、水晶肴肉、松花皮蛋肠、火腿肠、苦瓜、冬瓜皮、篙笋、土豆泥

技术要领：造型应自然可爱

步骤 1

先用土豆泥制作出两只熊猫的雏形；紫菜、篙笋等改刀成形，从脚部开始拼摆出熊猫身上黑白分明的毛发；水晶肴肉修出小球形；将黄瓜改刀作竹子。

步骤 2

黄瓜、胡萝卜、烟熏豆腐干、烟熏牛肉、水晶肴肉、松花皮蛋肠、火腿肠、苦瓜和冬瓜皮改刀成形，并用其拼摆出地坪即成。

材料选择：黄瓜、胡萝卜、烟熏豆腐干、烟熏牛肉、水晶肴肉、松花皮蛋肠、蛋黄糕、火腿肠、苦瓜、冬瓜皮、卤蛋、篙笋、土豆泥

技术要领：造型优美、羽毛分明、色彩艳丽

[水中情深]

步骤 1

先用土豆泥制作出两只鸳鸯的雏形，安上用松花皮蛋肠和火腿肠雕刻的鸟头；胡萝卜、松花皮蛋肠、蛋黄糕、篙笋改刀成形，从尾部开始拼摆出右侧鸳鸯的羽毛。

步骤 2

胡萝卜、火腿肠、黄瓜、松花皮蛋肠、蛋黄糕、篙笋改刀成形，从尾部开始拼摆出左侧鸳鸯的羽毛。黄瓜改刀作柳枝；黄瓜、烟熏豆腐干、烟熏牛肉、水晶肴肉、苦瓜、冬瓜皮、卤蛋改刀成形，用其拼摆出地坪、水纹即成。

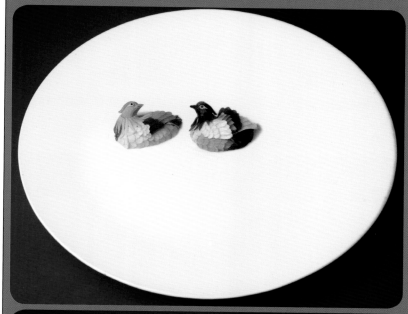

工艺流程

鸳鸯戏水

材料选择：土豆泥、胡萝卜、松花皮蛋肠、鲜香菇梗、蛋黄糕、蛋白糕、黄瓜、烤里脊肉、西兰花、金银猪肝、鲜虾、苦瓜、火腿肠、冬瓜皮

技术要领：造型优美、羽毛分明、色彩艳丽

步骤 1

用土豆泥制作出两只鸳鸯的雏形；将胡萝卜、松花皮蛋肠、鲜香菇梗、蛋黄糕、蛋白糕和火腿肠改刀成形，从尾部开始拼摆出右侧鸳鸯的羽毛。

步骤 2

将胡萝卜、松花皮蛋肠、鲜香菇梗、蛋黄糕、蛋白糕和火腿肠改刀成形，从尾部开始拼摆出左侧鸳鸯的羽毛；将黄瓜改刀作水纹，烤里脊肉、西兰花、金银猪肝、鲜虾、苦瓜、火腿肠和冬瓜皮改刀成形，拼摆出地坪即成。

山水 SHANSHUI

材料选择：胡萝卜、南瓜、鲜香菇、松花皮蛋肠、川式香肠、腊肉、红肠、午餐肉、黄瓜、烟熏牛肉、西兰花、火腿肠

技术要领：城墙纹路应清晰、协调

[奥运情缘]

步骤 1

先用午餐肉修出城墙造型，用烟熏牛肉改刀垫底。

步骤 2

将胡萝卜、松花皮蛋肠、川式香肠、腊肉、红肠、黄瓜、烟熏牛肉、西兰花、火腿肠改刀成形，并用其拼摆出山形；用胡萝卜、黄瓜、松花皮蛋肠、南瓜和鲜香菇分别修出奥运五环即成。

—工艺流程

冷拼 **一江春水**

材料选择：胡萝卜、松花皮蛋肠、红辣椒、鲜香菇、心里美、川式香肠、腊肉、红肠、黄瓜、烟熏牛肉、西兰花、火腿肠
技术要领：两座山的比例应协调

步骤 1

将胡萝卜、松花皮蛋肠、心里美、川式香肠、腊肉、红肠、黄瓜、烟熏牛肉、西兰花、火腿肠改刀成形，用其拼摆出山形。

步骤 2

将鲜香菇、红辣椒和黄瓜改刀成形，拼摆出柳树和枫叶树即成。

山水 SHANSHUI

材料选择：南瓜、洋葱、苦瓜、红肠、黄瓜、烟熏牛肉、火腿肠

技术要领：山形的色块应分明

步骤 **1**

将南瓜、洋葱、苦瓜、红肠、黄瓜、烟熏牛肉和火腿肠改刀成形，用其拼摆出山形。

步骤 **2**

将胡萝卜、南瓜、黄瓜改刀成形，拼摆出农房和树子即成。

工艺流程

峰峦叠嶂

材料选择：胡萝卜、松花皮蛋肠、红辣椒、鲜香菇、腊肉、盐
腌肉、黄瓜、烟熏牛肉、西兰花

技术要领：三座山的比例应协调

步骤 1

将胡萝卜、松花皮蛋肠、腊肉、盐腌肉、黄瓜、烟熏牛肉改刀后拼摆出山形轮廓。

步骤 2

将鲜香菇、红辣椒、黄瓜改刀成形后拼摆出松树、枫叶树、云雾和飞鸟等，最后用西兰花点缀即成。

山水 SHANSHUI

材料选择：土豆泥、胡萝卜、土豆泥、蛋黄糕、心里美、烟熏豆腐干、鲜香菇、卤猪舌、烤里脊肉、黄瓜、烟熏牛肉、冬瓜皮、西兰花、火腿肠

技术要领：桥、道路和农房等比例应协调

［江南水乡］

步骤 1

先用土豆泥码出桥、山坡和农房的雏形；胡萝卜、蛋黄糕、心里美、烟熏豆腐干、烤里脊肉、黄瓜改刀成形后拼摆出桥和道路。

步骤 2

将胡萝卜、黄瓜、蛋黄糕、烟熏豆腐干改刀拼摆出农房；烟熏豆腐干、鲜香菇、卤猪舌、烤里脊肉、烟熏牛肉、西兰花、火腿肠改刀后，拼摆出山坡；胡萝卜、黄瓜和冬瓜皮改刀后拼摆出船和水纹即成。

工艺流程

冷拼

锦绣河山

材料选择：土豆泥、胡萝卜、松花皮蛋肠、红辣椒、腊肉、盐腌肉、黄瓜、烟熏牛肉、西兰花

技术要领：三座山的比例应协调

步骤 1

先用土豆泥码底；将胡萝卜、松花皮蛋肠、腊肉、盐腌肉、烟熏牛肉改刀后拼摆出山形。

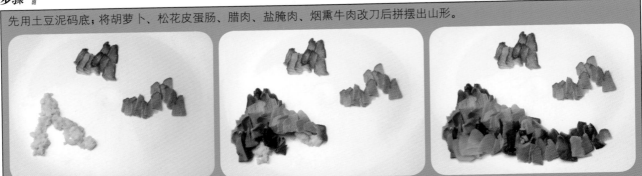

步骤 2

将红辣椒、黄瓜改刀后拼摆出太阳、云雾和飞鸟等，最后用西兰花点缀即成。

材料选择：胡萝卜、心里美、南瓜、冬瓜皮、松花皮蛋肠、川式香肠、腊肉、红肠、黄瓜、烟熏牛肉、西兰花、火腿肠

技术要领：三座山的比例应协调

山清水秀

步骤 1

先用腊肉和烟熏牛肉余料码底；将胡萝卜、心里美、南瓜、松花皮蛋肠、川式香肠、腊肉、红肠、黄瓜、烟熏牛肉、西兰花、火腿肠改刀后拼摆出山形。

步骤 2

将胡萝卜、冬瓜皮和黄瓜改刀成形，拼摆出船、水纹和飞鸟；最后用西兰花点缀即成。

工艺流程

依山傍水

材料选择：胡萝卜、松花皮蛋肠、川式香肠、腊肉、红肠、黄瓜、烟熏牛肉、西兰花

技术要领：人和小船为点睛之用

步骤1

将胡萝卜、松花皮蛋肠、川式香肠、腊肉、红肠、黄瓜、烟熏牛肉、西兰花改刀成形后拼摆出山形。

步骤2

将松花皮蛋肠、黄瓜改刀后拼摆出人、小船、水纹和飞鸟即成。

工艺流程

山水 SHANSHUI

材料选择：土豆泥、胡萝卜、心里美、卤豆筋、冬瓜皮、松花皮蛋肠、川式香肠、红肠、黄瓜、枸杞、鲜香菇、西兰花、火腿肠

技术要领：整体比例协调

[椰岛风光]

步骤 1

先用土豆泥码底；黄瓜、枸杞、鲜香菇改刀成形后拼摆出椰树及海岸雏形。

步骤 2

将胡萝卜、心里美、卤豆筋、冬瓜皮、松花皮蛋肠、川式香肠、红肠、黄瓜、西兰花和火腿肠改刀成形，用其拼摆出海岸、水纹和飞鸟即成。

工艺流程

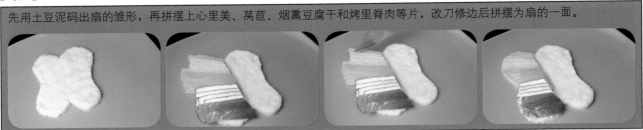

冷拼

芭蕉扇

材料选择：土豆泥、心里美、莴苣、蒜薹、红辣椒、松花皮蛋肠、蛋白糕、烟熏豆腐干、烤里脊肉、红辣椒、松花皮蛋肠、黄瓜、火腿肠
技术要领：扇的两面比例要力求协调

步骤 1

先用土豆泥码出扇的雏形，再拼摆上心里美、莴苣、烟熏豆腐干和烤里脊肉等片，改刀修边后拼摆为扇的一面。

步骤 2

将黄瓜、火腿肠、松花皮蛋肠和烟熏豆腐干等片拼摆在另一侧，改刀修边后成扇的另一面；将蒜薹、红辣椒、蛋白糕和黄瓜改刀成形后拼摆出扇把和树枝即成。

材料选择：红肠、鲜香菇、红辣椒、蛋黄糕、烟熏豆腐干、黄瓜、火腿肠

技术要领：扇面图案应简洁、明快

[锦　扇]

步骤 1

将红肠、红辣椒、蛋黄糕、烟熏豆腐干、火腿肠改刀成形后从右侧开始拼摆出展开的扇形。

步骤 2

将鲜香菇、红辣椒、黄瓜改刀成形后拼摆出扇面图案和扇穗即成。

工艺流程

硕果累累

材料选择：土豆泥、胡萝卜、心里美、蛋黄糕、松花皮蛋肠、
蛋白糕、黄瓜、火腿肠
技术要领：整体造型应简洁、明快

步骤 1

先用土豆泥码底；将松花皮蛋肠改刀成小球形，垒码出葡萄形；将胡萝卜、心里美、蛋黄糕、蛋白糕、黄瓜、火腿肠改刀成
形后，拼摆出葡萄叶。

步骤 2

用黄瓜改刀作蒂把即成。

其他 QITA

材料选择：土豆泥、胡萝卜、心里美、蛋黄糕、鲜香菇、松花
皮蛋肠、蛋白糕、烟熏豆腐干、烤里脊肉、黄瓜、
火腿肠
技术要领：整体饱满

丰收在望

步骤 1

先用土豆泥码出篮子的雏形；胡萝卜、蛋黄糕、鲜香菇、蛋白糕、烟熏豆腐干、烤里脊肉、黄瓜和火腿肠改刀成片，并用其拼摆出篮身。

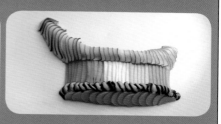

步骤 2

将松花皮蛋肠改刀成小球形，垒码出葡萄形；胡萝卜、心里美、蛋黄糕、黄瓜和火腿肠改刀后，拼摆出香蕉、月季花和蝴蝶等即成。

工艺流程

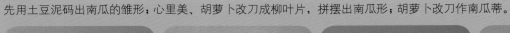

步骤 1

先用土豆泥码出南瓜的雏形；心里美、胡萝卜改刀成柳叶片，拼摆出南瓜形；胡萝卜改刀作南瓜蒂。

步骤 2

用土豆泥码底；卤牛肉、蛋白糕改刀成柳叶片，分别拼摆出叶子；黄瓜、红辣椒改刀后拼摆出小花；最后用青皮萝卜雕刻出蜻蜓，放在白色叶片上即成。

其他
QITA

材料选择：土豆泥、胡萝卜、心里美、青皮萝卜、卤牛肉、蛋
　　　　白糕
技术要领：造型应自然、简洁，刀面清晰

[收获季节]

步骤 1

用土豆泥码出葫芦的雏形；青皮萝卜改刀成柳叶片，拼摆出葫芦形。

步骤 2

先用土豆泥码出南瓜的雏形；心里美和胡萝卜改刀成柳叶片，拼摆出南瓜形；胡萝卜改刀作南瓜蒂。

步骤 3

用土豆泥码出苹果的雏形，胡萝卜改刀成柳叶片，拼摆出苹果形，胡萝卜改刀作苹果蒂；再用土豆泥码底，将卤牛肉、蛋白糕改刀成柳叶片，分别拼摆出不同颜色的叶子；最后用青皮萝卜雕刻出蜻蜓放在叶子上即成。

工艺流程

寿 桃

材料选择：土豆泥、鲜香菇、胡萝卜、心里美、青皮萝卜、烤里脊肉、卤猪舌、烟熏豆腐干

技术要领：造型应逼真、简洁，刀面清晰

步骤 1

先用土豆泥码出树枝和寿桃的雏形；鲜香菇改刀后拼摆出树枝；将胡萝卜、心里美、青皮萝卜分别改刀成柳叶片，并拼摆出三个桃形。

步骤 2

用土豆泥码出叶子的雏形；烤里脊肉、卤猪舌、烟熏豆腐干改刀成柳叶片，分别拼摆出叶子即成。

其他 QITA

材料选择：黄瓜、烤里脊肉、松花皮蛋肠、土豆泥、火腿肠、烟熏豆腐干、蛋黄糕、红辣椒、西兰花、心里美
技术要领：边缘整齐，刀面规整

[玫瑰排拼]

步骤 **1**

先用土豆泥码出五边形；将黄瓜、烤里脊肉、松花皮蛋肠、烟熏豆腐干、蛋黄糕改刀成长片，拼摆出五边形，并将边缘修切整齐。

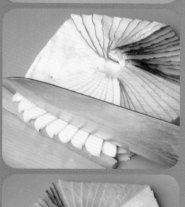

步骤 **2**

将红辣椒、西兰花、心里美改刀成形后，拼摆出玫瑰花；火腿肠切块围于周围即成。

工艺流程

三叶花拼

材料选择：黄瓜、烤里脊肉、松花皮蛋肠、土豆泥、莴苣、烟熏豆腐干、蛋黄糕、红辣椒、西兰花、心里美

技术要领：叶子边缘应整齐，摆放位置应规整

步骤 1

先用土豆泥码出三个叶子的雏形；把松花皮蛋肠、烟熏豆腐干改刀成长片，相互交错拼摆出中间的叶子。

步骤 2

将黄瓜、烤里脊肉、莴苣、蛋黄糕改刀成长片，相互交错拼摆出两侧的叶子；红辣椒、西兰花、心里美改刀成形后拼摆出花形即成。

其他 QITA

材料选择：黄瓜、红肠、篙笋
技术要领：图案应规整、色彩应协调

[太极八卦]

步骤 1

将红肠、篙笋切成片，拼摆出太极图案的轮廓；用黄瓜切成条形，拼摆出八卦形即成。

工艺流程

冷拼 诗情画意

材料选择：土豆泥、胡萝卜、烟熏豆腐干、黄瓜、鲜香菇、红辣椒、火腿肠

技术要领：书和毛笔的位置应协调

步骤 1

用土豆泥码出书的雏形；胡萝卜、烟熏豆腐干改刀成片，先拼摆上一层烟熏豆腐干片，上面再拼摆上一层胡萝卜片和一层烟熏豆腐干片。

  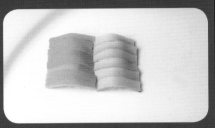

步骤 2

用土豆泥、黄瓜、火腿肠、鲜香菇拼摆出笔形；最后将鲜香菇、红辣椒改刀后拼摆出文字形和笔挂形即成。

材料选择：黄瓜、烤里脊肉、松花皮蛋肠、土豆泥、蛋白糕、鲜香菇、火腿肠、烟熏豆腐干、蛋黄糕、红辣椒、心里美

技术要领：造型应简洁、饱满

[心中有数]

步骤 1

先用土豆泥码出玉米和玉米梗雏形；将烤里脊肉、松花皮蛋肠、蛋白糕切成长方片，拼摆出玉米梗；鲜香菇切丝作玉米须；黄瓜、蛋白糕、火腿肠、烟熏豆腐干、蛋黄糕、心里美切成片，拼摆出玉米苞。

步骤 2

将黄瓜切长片做玉米叶；黄瓜和红辣椒改刀后拼摆出树枝即成。

工艺流程

冷拼 **一帆风顺**

材料选择：黄瓜、烤里脊肉、土豆泥、火腿肠、胡萝卜、卤猪舌、烟熏豆腐干、西兰花、蛋黄糕、心里美

技术要领：船的造型应比例协调，色彩分明

步骤 1

先用土豆泥码出船身和帆的雏形；烟熏豆腐干切成片，拼摆出船身。

步骤 2

将黄瓜、烤里脊肉、火腿肠、胡萝卜、卤猪舌、西兰花、蛋黄糕、心里美改刀后拼摆出帆形；最后将黄瓜改刀后拼摆出水纹和飞鸟即成。